Sukhwinder Kaur Bhullar
Payal Ganguly

Suportes inteligentes para aplicações de engenharia de tecidos

Sukhwinder Kaur Bhullar
Payal Ganguly

Suportes inteligentes para aplicações de engenharia de tecidos

ScienciaScripts

Publisher:
Sciencia Scripts
is a trademark of
Dodo Books Indian Ocean Ltd. and OmniScriptum S.R.L publishing group

120 High Road, East Finchley, London, N2 9ED, United Kingdom
Str. Armeneasca 28/1, office 1, Chisinau MD-2012, Republic of Moldova, Europe
Managing Directors: Ieva Konstantinova, Victoria Ursu
info@omniscriptum.com

Printed at: see last page
ISBN: 978-620-3-50965-6

PREFÁCIO

O objetivo da medicina regenerativa é fabricar um suporte biodegradável para apoiar a adesão, o crescimento e a diferenciação das células para o tratamento de doenças dos tecidos. Anteriormente, a atenção centrava-se sobretudo na arquitetura do suporte, na porosidade e na resistência mecânica. Para além destes parâmetros, a atenção centra-se agora na biodegradabilidade e sustentabilidade do andaime e na sua capacidade de afinação para melhorar a comunicação intercelular no interior do andaime. Isto acabará por ajudar a imitar melhor a matriz extracelular (ECM), determinando, em última análise, a qualidade dos tecidos desenvolvidos no doente. Embora tenham sido utilizados métodos "inteligentes" para atingir este objetivo, outros factores importantes foram frequentemente comprometidos, conduzindo a suportes com uma resistência mecânica inadequada ou taxas de degradação e porosidades inapropriadas. Este facto criou uma barreira ao crescimento e proliferação de células para a regeneração de tecidos em andaimes. Sabe-se que os materiais auxéticos suportam pressões elevadas quando comprimidos, devido ao seu rácio de Poisson negativo. Os materiais auxéticos que ocorrem naturalmente, juntamente com os preparados por cientistas, indicaram o seu potencial como suportes para aplicações de engenharia de tecidos. As técnicas modernas permitem-nos manipular estes materiais e modificá-los num suporte "inteligente" com as propriedades desejadas. A presença de uma dobradiça nos auxéticos permite-lhes dobrar-se sob tensão, em vez de se partirem, o que os torna uma escolha preferida de material para andaimes sustentáveis. Neste livro, discutimos os vários factores que afectam o fabrico de andaimes e a perspetiva dos auxéticos como andaimes "inteligentes" para aplicações de engenharia de tecidos.

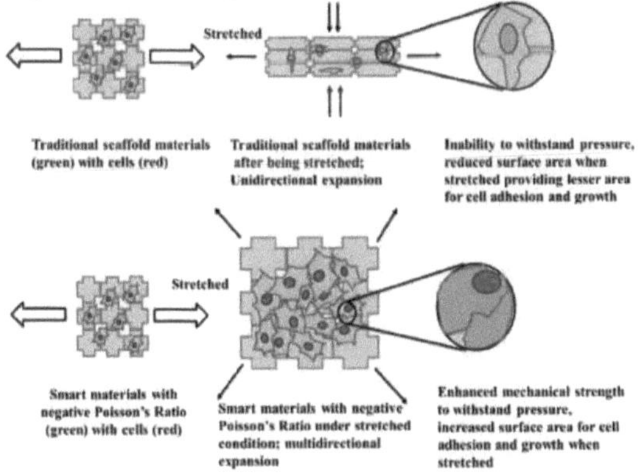

Reconhecimento

Antes de mais, agradeço a DEUS Todo-Poderoso por me ter dado a força necessária para concluir este trabalho. Gostaria também de agradecer a Miss Tejal Pant e a Manish Gore pela revisão crítica do trabalho. Por último, mas não menos importante, gostaria de agradecer à minha família, que me apoiou e encorajou.

ÍNDICE DE CONTEÚDOS

1. INTRODUÇÃO

O conceito de utilização de materiais biodegradáveis para a regeneração de tecidos tem sido objeto de investigação desde a década de 1980. Os cientistas têm estado a trabalhar no sentido de identificar vários métodos para incentivar a regeneração de tecidos utilizando diferentes materiais [1, 2]. Foram registadas várias patentes para o desenvolvimento de técnicas que serviram de plataforma para a fixação, crescimento e proliferação de células. Os materiais utilizados variavam entre polímeros naturais como a gelatina e polímeros sintéticos como o poli (oxalato de alquileno) [3]. Na década seguinte, assistiu-se a um aumento do número de técnicas de fabrico de plataformas para a regeneração celular. Estas plataformas, agora conhecidas como scaffolds, tinham uma arquitetura bem definida, porosidade, maior resistência mecânica e durabilidade *in vitro*. Também estavam a ser modificadas em função do tecido a regenerar, das necessidades do doente e para imitar a matriz extracelular (MEC). As aplicações variam desde a reparação de ossos e cartilagens até ao preenchimento de espaços vazios em feridas, à regeneração da pele, do fígado e de outros tecidos, bem como à administração de medicamentos[4-6].

Nesta fase, assistiu-se também a um aumento das taxas de mortalidade dos doentes que necessitavam de transplantes de órgãos, devido à falta de dadores biologicamente compatíveis. No caso de transplantes bem sucedidos, os doentes eram sujeitos a medicamentos imunossupressores para toda a vida. A regeneração de órgãos ou de uma parte do órgão, utilizando a engenharia de tecidos, demonstrou o potencial para combater o aumento das taxas de mortalidade e compensar a falta de dadores adequados. Anteriormente, a tónica era colocada no fabrico de suportes biodegradáveis e biocompatíveis. Os andaimes recentes visam uma maior adesão celular, propriedades semelhantes às da MEC e interações célula-superfície, para além das propriedades existentes anteriormente. Estes andaimes são conhecidos como andaimes "inteligentes", que serão abordados mais adiante nesta revisão.

1.1   Necessidade de Engenharia de Tecidos

O interesse científico pelos andaimes coincidiu com a sua necessidade médica devido ao aumento do número de casos de transplantes de órgãos mal sucedidos, de doenças degenerativas, de problemas de pele e de outros problemas de saúde a nível mundial[7]. Só nos Estados Unidos, cerca de um quarto dos doentes morre devido à indisponibilidade de um dador adequado[8]. A Arthritis UK declarou que, só no Reino Unido, cerca de 7,8 milhões de pessoas procuraram tratamento para doenças degenerativas como a osteoartrite. Entre as doenças, o tratamento tem sido abordado quer através da utilização de doses elevadas de medicamentos, quer através de técnicas invasivas e cirurgias. Ainda hoje, os doentes procuram abordagens mais amigáveis para o tratamento das suas doenças. Para além do custo do procedimento técnico, os efeitos secundários dos medicamentos e as complicações pós-cirúrgicas aumentam as preocupações dos doentes. Além disso, a maior parte destas modalidades de tratamento requerem uma atenção e um acompanhamento frequentes, o que, a longo prazo, é inconveniente para os doentes. Isto deu origem à necessidade de uma abordagem centrada em benefícios sustentados que pudesse aumentar o efeito terapêutico com um mínimo de invasão.

Foi abordado o conceito de uma abordagem alternativa envolvendo uma fonte autóloga (utilização de células do próprio doente para a regeneração de tecidos danificados noutro órgão) com o objetivo de obter benefícios a longo prazo (Figura 1). Esta técnica seria menos invasiva, menos tóxica e mais amiga do doente do que as abordagens existentes.

A investigação neste domínio registou um aumento gradual com diferentes técnicas como a liofilização, a impressão 3D [9-11], a utilização de diferentes tipos de células e materiais como polímeros naturais e sintéticos [12-14].

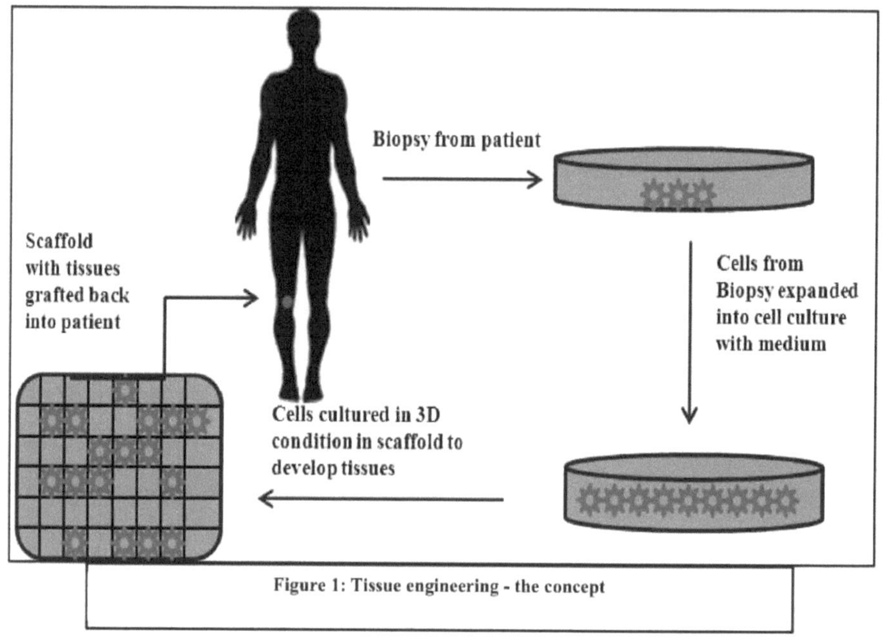

Figure 1: Tissue engineering - the concept

1.2   Materiais utilizados na Engenharia de Tecidos

O carácter dos materiais utilizados para fabricar um andaime constitui o núcleo da engenharia de tecidos. Os polímeros sintéticos e naturais têm sido utilizados para desenvolver estruturas de suporte para aplicações biomédicas. Enquanto muitos polímeros naturais têm a vantagem de serem biodegradáveis e biocompatíveis, os polímeros sintéticos são mais flexíveis em termos de manipulação da resistência mecânica e da porosidade da estrutura. Estas duas classes de polímeros têm sido frequentemente amalgamadas ou modificadas para fornecer os principais factores necessários ao fabrico de uma estrutura estável, mas biodegradável [15]. Hughes et al utilizaram colagénio, um polímero natural bem conhecido, e reticulou-o com glutaraldeído para o utilizar como implante corporal. Foi registada uma patente para o mesmo em 1983 [3]. Existem também patentes para diferentes materiais como os oxalatos de alquileno, [2] policaprolactona e hidroxipatites [16], nano tubos de carbono [17], polímeros naturais como o fibrinogénio, o dextrano, o quitosano, o alginato e polímeros sintéticos como o poli (etilenoglicol), o poli (metacrilato de metilo), o poliuretano e o silicone [18].

A investigação na exploração de materiais novos e adequados para o desenvolvimento de estruturas de suporte também registou um aumento nas últimas duas décadas. Foram descritos andaimes de espuma porosa feitos de elementos como o titânio para utilização na reparação óssea. Spoerke et.al modificaram as superfícies de titânio para aplicações na reparação óssea e verificaram que estes andaimes apresentavam uma maior resistência mecânica, bem como uma maior interconectividade dos poros [19]. Chen et.al estudaram andaimes porosos fabricados a partir de Bioglass® 45S5 sinterizado para a engenharia de tecidos ósseos e observaram que este material tinha potencial para ser transformado num andaime com caraterísticas desejáveis [20].al trabalharam com nanotubos de carbono de parede simples funcionalizados (SWNT) incorporados em colagénio e verificaram que o andaime à base de gel demonstrou a viabilidade da utilização de materiais compósitos para a engenharia de tecidos[21]. Yang et.al prepararam andaimes tipo esponja utilizando alginato liofilizado/quitosano glicosilado para a engenharia de tecidos hepáticos e demonstraram que os hepatócitos tinham uma melhor adesão a estes andaimes em comparação com o alginato isolado[22]. Foram utilizados diferentes materiais consoante o tipo de aplicação. Enquanto os suportes de engenharia do tecido ósseo foram fabricados com materiais mais duros, a regeneração da pele e do fígado baseou-se em suportes feitos de materiais relativamente mais leves. No final desta secção, é apresentado um breve resumo dos vários materiais utilizados para diferentes aplicações. A escolha dos materiais e as suas combinações dependem de vários factores. Idealmente, o material utilizado deve degradar-se sem dar origem a qualquer substância tóxica ou metabolito durante o processo de degradação. Deve ser inerte e não reativo em relação aos tecidos do corpo. O material deve permitir a manipulação da resistência mecânica e da porosidade numa medida que aumente a estabilidade do andaime. Verificou-se também que alguns destes materiais de suporte têm a capacidade de alterar a resposta e o comportamento celulares [23-25].

No entanto, para além das propriedades acima mencionadas, é importante que o(s) material(ais) proporcione(m) o ambiente necessário para as células aderirem, proliferarem e até se diferenciarem em tecidos específicos. Isto significa que o(s) material(ais) deve(m) ser capaz(es) de imitar as propriedades da Matriz Extracelular (MEC), o que é um pré-requisito para qualquer sistema de andaime. Os investigadores fizeram várias tentativas neste aspeto e experimentaram factores de crescimento, proteínas, polímeros naturais e modificações de péptidos para melhorar as propriedades "bio-miméticas" dos suportes. Os pormenores dos aspectos técnicos envolvidos foram mencionados noutro local [26]. Em suma, os materiais utilizados para fabricar andaimes para a engenharia de tecidos devem possuir propriedades que possam dar origem a um "bom" andaime.

Table 1: Considerations for the fabrication of a scaffold		
Sr. No	Property	Significance
1	Degradation Rate	Sustainable platform for cell adhesion and growth, tissue formation should be accomplished before complete degradation of scaffold
2	Mechanical Strength	Stability under mechanical pressure, the scaffold should be able to withstand stress especially in case of regeneration of joints
3	Porosity	Adhesion and ingress of cells, exchange of nutrients between cells and understanding cell migration
4	Surface properties	Cell attachment, cell-to-cell communication, cell specificity and enhanced affinity

1.3   Pré-requisitos de um "bom" andaime

A conceção e o fabrico de um andaime ideal ou "bom" envolve o conhecimento da ciência dos polímeros, as técnicas envolvidas na cultura de células e tecidos, juntamente com as competências de modificação da química da superfície para satisfazer os requisitos celulares. Para além disso, a fisiopatologia do problema (ou patologia) visado no doente deve ser bem conhecida e compreendida do ponto de vista médico.

É necessário ter em conta vários factores antes do fabrico de um andaime. A Tabela 1 apresenta um breve resumo destes factores. Yang et.al (2001) enumeraram os factores que tradicionalmente têm decidido os requisitos dos andaimes[8].

1.3.1 Degradação e resistência mecânica

O facto de um suporte não dever ser tóxico e não dever causar qualquer resposta imunogénica já foi discutido anteriormente. Idealmente, o suporte deve apoiar as actividades celulares e deve degradar-se lentamente após a formação dos tecidos. A degradação não deve gerar qualquer degradante tóxico ou causar qualquer interação *in vivo*. A degradação de um andaime *in vitro* é geralmente verificada ao longo de vários dias, colocando-o em PBS (Phosphate Buffer Saline) pH = 7,4 a 37°C num volume suficiente para cobrir todo o andaime. É igualmente importante que um andaime fabricado tenha uma taxa de degradação controlada que, frequentemente, necessita de ser optimizada em função do(s) material(ais) envolvido(s). Place et.al mencionaram diferentes formas de controlar a degradação hidrolítica de um andaime que envolve ligações de ésteres[27]. Embora seja importante que o andaime se degrade gradualmente, é igualmente importante que tenha força suficiente para manter e suportar o crescimento e a proliferação de novas células em tecidos *in vivo* (Figura 2).

A resistência mecânica e à compressão de um determinado andaime é normalmente determinada pelo sistema de ensaio Instron. O sistema é amplamente utilizado para medir a resistência à tração, a resistência à compressão e outras propriedades utilizando extensómetros e células de carga. Hutmacher et.al testaram a resistência mecânica das estruturas de policaprolactona utilizando o sistema de ensaio uniaxial Instron 4502 e uma célula de carga de 1kN. Comprimiram o espécime até um nível de deformação de 0,7 mm/mm e calcularam o módulo de Young para o mesmo[28]. A taxa de degradação de um andaime afecta frequentemente a sua resistência mecânica. Peter et.al estudaram a degradação de andaimes de poli(fumarato de propileno)/p-tricalcio (β-TC) (PPF) em comparação com andaimes de PPF-N-vinilpirrolidona. Verificaram que as estruturas de PPF que foram reticuladas com β -TC se desintegraram no espaço de 6 semanas e não puderam ser testadas quanto à resistência mecânica [29].

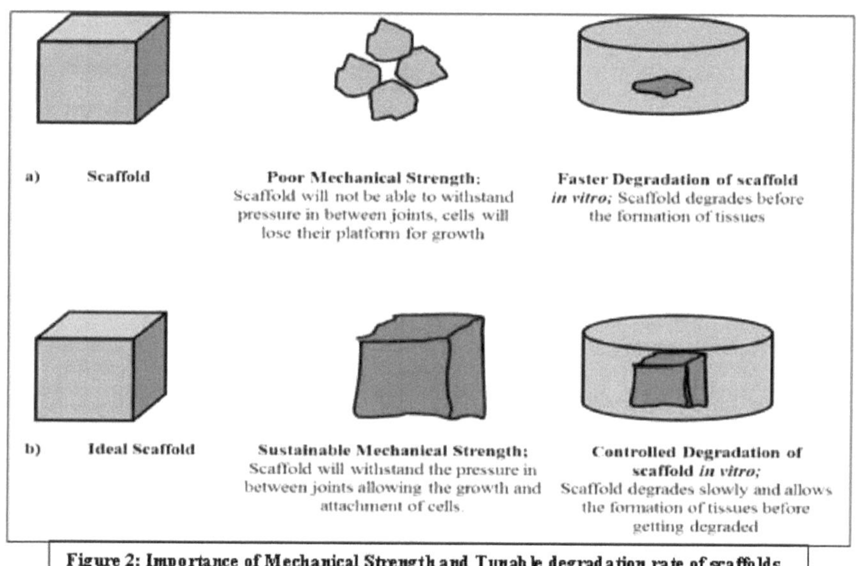

Figure 2: Importance of Mechanical Strength and Tunable degradation rate of scaffolds

Wu e Ding estudaram a degradação de estruturas tridimensionais feitas de poli(d,l-lactideco-glicolida) amorfo durante 26 semanas em PBS. Classificaram o processo de degradação em três fases, consoante as alterações caraterísticas das estruturas durante a degradação. As três fases são a fase "quase estável", a fase de "diminuição da resistência" e, finalmente, a fase de "perda de peso e rutura da estrutura"[30]. Também referiram o impacto negativo da degradação da estrutura de suporte ao longo do tempo na resistência à compressão, no peso molecular, na distribuição do peso e na porosidade.

1.3.2 Porosidade

A porosidade de um andaime e a interconectividade dos poros é outro fator importante. Os poros do suporte aumentam a sua área de superfície e favorecem a entrada, a fixação e o crescimento das células nos tecidos. O tamanho dos poros deve ser suficientemente grande para permitir a penetração e a fixação das células. Ao mesmo tempo, os poros devem estar interligados para permitir o transporte e a troca de resíduos e nutrientes necessários. O controlo e a otimização da porosidade de um andaime tornam-se assim críticos e dependem em grande medida da técnica seguida para o fabrico do andaime. Foram utilizados vários métodos para fabricar andaimes, que apresentam diferenças nas suas porosidades[31]. O tamanho dos poros é em grande parte determinado utilizando a microscopia eletrónica de varrimento (SEM), que ajuda a determinar o tamanho ótimo dos poros na superfície do andaime. A literatura sugere que os cientistas utilizaram métodos para modificar a porosidade dos suportes em função do tamanho das células de interesse. A adaptação da porosidade torna-se assim necessária para proporcionar o tamanho de poro adequado para a entrada, fixação e diferenciação das células. Rnjak-Kovacina et.al fabricaram suportes de elastina humana sintética por electrospinning para a engenharia de tecidos dérmicos. Verificaram que estes suportes podiam ser adaptados para proporcionar uma distribuição desejável do tamanho dos poros. Verificaram também que estas estruturas interagiam favoravelmente com os fibroblastos dérmicos e facilitavam a sua colonização *in vitro*[32].

Os cientistas relataram tamanhos de poros de andaimes adequados para diferentes tipos de células. Yannas et. al trabalharam em suportes de colagénio-glicosaminoglicano (CGag) e estabeleceram que um intervalo de tamanho de poro de 20pm -120pm é ótimo para estudar a regeneração da pele. Observaram que a regeneração da pele era inativa quando o tamanho dos poros era inferior a 20pm e superior a 120pm[33]. Com base nestas conclusões, Brient et.al estudaram quatro estruturas CGag com a mesma composição, mas com tamanhos de poro diferentes. Observaram a fixação de células osteogénicas clonais do rato MC3T3-E1 durante um período de 24 e 48 horas. Observaram que a gama de tamanhos de 95,9-150,5 pm tinha a fixação e a viabilidade máximas [34]. Embora as respostas celulares tenham mostrado variações consoante as variações nos diferentes tamanhos dos poros, também mostraram variações consoante as caraterísticas e propriedades da superfície do suporte. As propriedades da superfície devem ser igualmente tidas em conta durante o fabrico dos suportes.

1.3.3 Propriedades da superfície

Como já foi referido, o material que forma o suporte deve proporcionar um ambiente que imite a MEC para que as células adiram, se fixem e proliferem. Sabe-se que as interações da superfície celular e as alterações no citoesqueleto influenciam o comportamento das células, o que, em última análise, afecta a qualidade do tecido formado. Idealmente, as células devem manifestar uma maior afinidade em relação ao suporte para, em última análise, crescerem como tecidos nestes suportes. Uma vez que as células tenham aderido, as suas adesões focais determinam a sua forma e também resultam na expressão de determinados fenótipos. O efeito da rugosidade e da química da superfície tem sido amplamente estudado, especialmente para regular as respostas das células do osso e da cartilagem utilizando diferentes materiais. Foi referido que as células podem discriminar entre superfícies e que as suas respostas dependem do ambiente local e do estado de maturação das células que respondem. As superfícies dos suportes foram modificadas utilizando substâncias biológicas (como péptidos e biopolímeros) para ajudar as células a adaptarem-se ao seu novo ambiente. As superfícies foram também optimizadas para a engenharia de tecidos específica do local, a fim de melhorar a adesão, a proliferação e a diferenciação celulares [35]. Keselowsky et.al estudaram monocamadas automontadas (SAM) de alcanotióis em ouro e observaram o efeito da química da superfície na adsorção de fibronectina, na ligação de integrinas e na adesão celular. Demonstraram que a alteração das propriedades da superfície modificava a apresentação funcional do principal domínio de ligação à integrina da fibronectina adsorvida e modulava a ligação à integrina, a localização e a especificidade [36]. Liu et. al estudaram o efeito da modificação da superfície induzida por porogénio em estruturas de poli (ácido L-lático) utilizando esferas de gelatina. Verificaram que as esferas de porogénio não só controlavam a porosidade como também melhoravam a adesão e a proliferação celular durante um período de cultura de 2 semanas [37]. A modificação da superfície também é conseguida através da alteração das propriedades físicas do material do andaime. A modificação física foi conseguida através da utilização de sequências de péptidos e do desenvolvimento de materiais destinados a fornecer proteínas para melhorar a regeneração dos tecidos. Estes materiais são frequentemente designados por materiais "inteligentes" ou inteligentes [38].

1.4 Conceito de materiais inteligentes

Os materiais inteligentes derivam o seu nome da sua propriedade de imitar e proporcionar um ambiente semelhante ao da MEC às células num suporte. As modificações da superfície, a alteração das propriedades físicas e o tratamento com péptidos são alguns dos métodos adoptados para conferir ao suporte propriedades semelhantes às da MEC. Nos últimos anos, foi desenvolvido um grande número de biomateriais que demonstraram uma maior resistência mecânica, uma taxa de degradação desejável e porosidades eficazes para um bom suporte. No entanto, a sua transposição para a prática clínica tem sido relativamente lenta. Os modelos de andaimes que são bem sucedidos *in vitro* muitas vezes não conseguem reproduzir os resultados *in vivo*. Além disso, a taxa de crescimento das células no suporte *in vivo* precisa de ser melhorada para garantir uma rápida recuperação dos tecidos danificados. Assim, há necessidade de materiais inteligentes que possam imitar a complexidade da MEC, incentivar as interações célula-superfície e promover a formação de tecidos funcionais. Os polímeros que apresentam grandes alterações na presença de mudanças de temperatura e de estímulos baseados no pH têm sido utilizados para a abordagem "inteligente" na engenharia de tecidos [39]. Foi também referido o fabrico de matrizes inteligentes para apoiar as actividades celulares. Garty et. al trabalharam em hidrogéis inteligentes modificados com péptidos e células estaminais geneticamente modificadas para aplicações na engenharia de tecidos esqueléticos. Foram preparados hidrogéis termo-responsivos e observou-se que a matriz resultante tinha caraterísticas únicas que melhoravam as interações celulares [40]. Considerando que os materiais inteligentes já estão a deixar uma marca no domínio da biomedicina, pode dizer-se que a próxima década será crucial em termos de aplicações de suportes inteligentes para a regeneração de tecidos.

Table 2: Examples of materials used in various applications of Tissue engineering		
Sr.No	**Material used**	**Application**
1	Starch-polycaprolactone scaffold	Cartilage repair
2	Titanium scaffolds, sintered glass scaffolds, Collagen-glycosaminoglycan (different porosity)	Bone Tissue Engineering and repair, Osteogenic cells
3	Alginate/glycosylated chitosan	Liver Tissue Engineering
4	Synthetic human elastin and Collagen-glycosaminoglycan	Dermal Tissue Engineering and Skin Regeneration
5	Poly(lactic-*co*-glycolic acid) (PLGA)	Spinal cord regeneration
6	Poly(N-isopropylacrylamide) (PNIPAAm)	Corneal endothelial regeneration
7	Polytetrafluoroethylene(PTFE)	Stent grafts

2. APLICAÇÕES NA ENGENHARIA DE TECIDOS

A engenharia de tecidos tem sido aplicada para a regeneração de várias partes do corpo, incluindo ossos, pele e outros tecidos. Para além dos estudos destinados a aplicações *in vivo*, a engenharia de tecidos abriu também a plataforma de cultura de células 3-D. Devido à sua arquitetura tridimensional, acredita-se que esta plataforma é mais comparável às condições *in vivo* e preenche a lacuna que existe entre os estudos *in vitro* e *in vivo*. Os cientistas relataram o fabrico de suportes para fins de cultura de células 3-D e de engenharia de tecidos. Folch et.al trabalharam em andaimes de poliuretano preparados utilizando modelação microfluídica e verificaram que a sua estrutura, fabrico e arquitetura eram modelos potenciais para a engenharia de tecidos e a cultura de células 3-D [41]. As principais aplicações da engenharia de tecidos incluem a reparação de ossos e cartilagens danificados utilizando hidroxipatites e outros materiais (quadro 2), a regeneração da pele utilizando colagénio e policaprolactona, transplantes de vários órgãos, regeneração do fígado, formação de tecidos e células neurais utilizando polímeros como o PLLA (ácido poli-lático) e a administração de medicamentos, células e proteínas[42-44].

A engenharia de tecidos também tem sido aplicada na criação de vasos sanguíneos, embora continue a ser um grande desafio. Koike et.al trabalharam para esta causa e estabeleceram que os seus vasos sanguíneos experimentais eram estáveis e funcionais *in vivo* em ratos durante um ano [45]. Novikova et.al trabalharam ainda mais e estudaram andaimes inteligentes feitos de poli (ácido *lático-co-glicólico*) (PLGA) para regeneração de tecidos após lesão da medula espinal. Demonstraram que o andaime podia reparar os axónios danificados da medula espinal e também era capaz de restaurar a condução de impulsos. Com o advento dos materiais inteligentes, um número crescente de suportes será analisado em função da sua capacidade de proporcionar às células um ambiente semelhante ao da MEC e da funcionalidade dos tecidos regenerados. Alguns dos materiais inteligentes utilizados na engenharia de tecidos são abordados de seguida.

2.1 Tipos de materiais inteligentes

Os materiais que foram funcionalizados para imitar a MEC ou que foram ajustados para responder a alterações sob diferentes influências (como a temperatura, o pH) são referidos como materiais inteligentes que estão lentamente a tornar-se populares. Os revestimentos termo-responsivos inteligentes que têm sido habitualmente utilizados baseiam-se na poli(V-isopropilacrilamida) (PNIPAAm). Este polímero é caracterizado por uma precipitação instantânea aquando do aquecimento, passando rapidamente de um estado hidrofílico para um estado hidrofóbico. Da silva et.al compilaram e analisaram os métodos mais representativos de produção de substratos termo-responsivos para a fixação de células na engenharia de tecidos [46]. Takezawa et.al referiram pela primeira vez a utilização da temperatura para destacar células sem recorrer a reacções enzimáticas em 1990. Os autores prepararam uma mistura física de colagénio e PNIPAAm e libertaram uma monocamada de fibroblastos à temperatura crítica inferior da solução (LCST, 32°C para PNIPAAm) na solução da mistura física. Os autores demonstraram o potencial deste material para aplicações em cultura de células [47]. Mais recentemente, Sumide et.al estudaram o comportamento das células endoteliais da córnea humana (HCEC) na superfície de PNIPAAm e transplantaram a folha de HCEC em coelhos para regeneração da córnea. Os autores concluíram que as construções corneanas que prepararam poderiam ser utilizadas para melhorar a reconstrução endotelial da córnea a nível mundial[48].

A classe seguinte de andaimes inteligentes inclui os que respondem a alterações do pH. Matusaki et. al estudaram uma rede de polímeros semi-interpenetrantes como hetero-géis (S72-netgels) compostos por poli(ácido γ-glutâmico) (γ-PGA) e 72% de γ-PGA sulfonado (γ-PGA-S72). O seu objetivo era controlar com êxito a libertação do fator de crescimento de fibroblastos básico (B-FGF) do hidrogel sem desnaturar o B-FGF. Tiraram partido das propriedades de inchaço sensíveis ao pH ácido dos géis-rede a pH = 2,0 - 6,0 e conseguiram controlar a libertação de B-FGF[49]. Kim et.al sintetizaram um novo hidrogel sensível ao pH térmico como um suporte para a reparação óssea autóloga. A solução polimérica sintetizada formou um gel estável em condições fisiológicas (pH 7,4 e 37°C) e formou um sol a pH 8,0 e 37°C, tornando-o injetável. Descobriram que o hidrogel sensível ao pH térmico apresentava uma elevada biocompatibilidade num teste de extrato de meio de Eagle modificado de Dulbecco (DMEM). O andaime também demonstrou potencial como andaime injetável para a engenharia de tecido ósseo, com capacidades de formação *in situ* [50].

Os andaimes de superfície modificada, juntamente com os andaimes que foram tratados com péptidos, são também considerados como fazendo parte da lista de andaimes inteligentes. Estes andaimes têm uma maior especificidade e fixação devido às suas propriedades de superfície melhoradas. Schmedlen et.al modificaram o poli(álcool vinílico) (PVA) e funcionalizaram-no com o péptido RGDS de adesão celular. Observaram que o hidrogel funcionalizado suportava a fixação e o espalhamento de fibroblastos de uma forma dependente da dose e concluíram que estes hidrogéis eram promissores para aplicações de engenharia de tecidos. Recentemente, os cientistas trabalharam com polímeros sintéticos destinados à engenharia de tecidos do miocárdio. Funcionalizaram os sistemas poliméricos com péptidos bioactivos e estudaram o comportamento dos mioblastos C2C12. Observaram que os mioblastos tinham uma melhor adesão ao polímero bioactivado, em comparação com o polímero isolado [51].

Os materiais auxéticos fazem parte do conjunto emergente de materiais inteligentes para suportes em engenharia de tecidos. Estes materiais são bem conhecidos no domínio da física pelas suas propriedades mecânicas melhoradas, dureza e resistência à indentação[52]. Por definição, "auxético" significa literalmente "o que tende a aumentar" em grego. Estes materiais possuem um coeficiente de Poisson negativo e expandem-se lateralmente quando esticados axialmente. Ao contrário de outros materiais que se alongam e se tornam estreitos ao serem esticados, estes materiais esticam-se e tornam-se mais largos na direção perpendicular à aplicação da força. O seu comportamento invulgar sob tensão torna-os uma classe de materiais interessante.

Os materiais auxiliares têm sido utilizados em peças de aeronaves, automóveis, embalagens e vestuário desportivo. Estão agora a ser estudados para aplicações nos domínios biomédicos. Por exemplo, os vasos sanguíneos feitos de materiais auxéticos tendem a aumentar a espessura da parede durante uma pulsação em vez de diminuir, evitando o colapso do vaso [53, 54]. Os materiais auxéticos foram abordados em pormenor neste livro.

2.2 Propriedades dos materiais inteligentes

Os materiais inteligentes têm sido explorados devido às vantagens que oferecem em relação aos andaimes convencionais, resultando numa maior afinidade celular e numa maior capacidade de regeneração dos tecidos, como já foi referido. As vantagens aliadas de alguns destes andaimes fabricados foram discutidas mais pormenorizadamente. Os revestimentos termo-responsivos têm sido preparados principalmente por polimerização por feixe de electrões (e-beam) e por polimerização por plasma. Uma das principais vantagens dos revestimentos termo-responsivos é a capacidade de colher as células juntamente com a sua MEC como folhas de células. As células cultivadas em revestimentos termo-responsivos podem ser recuperadas como folhas confluentes de células, mantendo intacta a MEC produzida pelas células. Os substratos termo-responsivos evitam a utilização de enzimas que são utilizadas para remover as monocamadas de células das plataformas de cultura convencionais. Além disso, estas folhas de células podem aderir a tecidos hospedeiros sem necessidade de suporte ou substrato. O epitélio da córnea e o revestimento da mucosa oral são alguns dos exemplos de tecidos regenerados utilizando substratos termo-responsivos[55, 56].

Os polímeros sensíveis ao pH já estão a ser utilizados para a administração de medicamentos. Apresentam esta sensibilidade às alterações de pH devido à presença de grupos funcionais ácidos ou básicos. Os polímeros com grupo ácido (como o ácido poliacrílico) incham em ambiente básico e os polímeros com grupos básicos (como o quitosano) incham na presença de ácidos. Os cientistas estudaram a natureza dos materiais e manipularam a hidrofilicidade/hidrofobicidade utilizando superfícies sensíveis ao pH. Estas superfícies podem ser utilizadas para a engenharia de tecidos específicos. Gao et al estudaram a administração oral de insulina em hidrogéis sensíveis ao pH e concluíram que estes são veículos potenciais para a administração oral de fármacos. Kim et al [50, 57] já referiram a utilização de hidrogéis sensíveis ao pH na engenharia de tecidos ósseos. Foi referido que os suportes geneticamente modificados permitem gerar novas células de qualidade superior. O domínio D4 do colagénio II humano é fundamental para apoiar a migração dos condrócitos. Uma proteína semelhante ao colagénio com o domínio D4 (colagénio mD4) em repetições em tandem foi geneticamente modificada utilizando esta informação. Este novo colagénio foi fabricado num suporte destinado a apoiar os condrócitos. Foi observada uma qualidade superior de construções cartilaginosas em condrócitos cultivados no novo suporte em comparação com suportes feitos apenas de colagénio[58].

O material auxiliar foi referido pela primeira vez por Lakes quando descobriu o rácio de Poisson negativo na espuma de poliuretano (PU) em 1987 [59]. Estes materiais devem o seu comportamento único às suas estruturas tipo dobradiça que tendem a curvar-se ao esticarem-se. Este facto ajuda os materiais auxéticos a suportar pressões e tensões elevadas (figura 3).

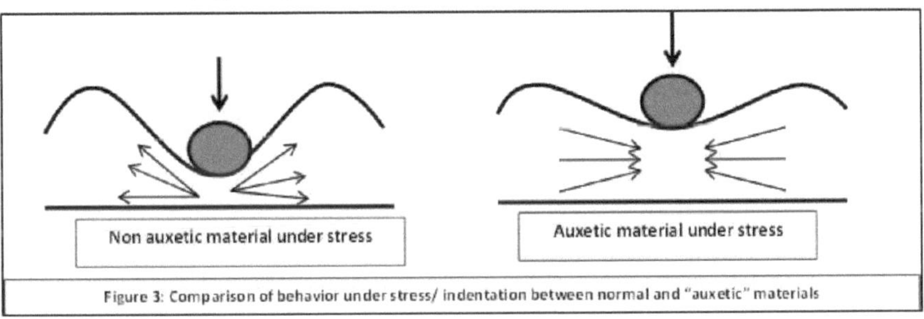

Figure 3: Comparison of behavior under stress/ indentation between normal and "auxetic" materials

Os materiais auxéticos, se utilizados como andaimes, demonstrarão uma elevada resistência mecânica e à compressão, uma elevada absorção de energia e resistência à fratura. As espumas e os materiais como o PVA e o PU também se comportam como materiais auxiliares que podem ser utilizados na engenharia de tecidos. As espumas com porosidade ajustável permitirão a troca elementar de nutrientes e a remoção de resíduos. As estruturas tubulares feitas de politetrafluoroetileno (PTFE) têm sido estudadas com vista à sua aplicação como stents, coberturas de stents e enxertos de stents. O maior desafio foi fabricar um dispositivo compatível com as condições fisiológicas de tensão e com as propriedades elásticas e mecânicas do tecido nativo. Os desafios foram superados e demonstrou-se o potencial dos auxéticos como aplicações de enxertos de stent [60]. Ma et.al fabricaram com sucesso hidrogéis auxéticos e caracterizaram-nos para aplicação biomédica. Prevê-se que os materiais auxéticos possam ser amplamente utilizados em aplicações biomédicas.

3. ANDAIMES AUXÉTICOS INTELIGENTES

Estudos e experiências demonstraram que os materiais com coeficiente de Poisson negativo oferecem um enorme potencial através de melhorias medidas nas propriedades mecânicas, tais como a curvatura sinclástica [61], a melhoria da resiliência [62], a resistência à indentação [63, 64], a resistência ao corte [65], a resistência à fratura e o controlo das vibrações [66], tornando-os superiores aos materiais convencionais. Os materiais auxiliares são já conhecidos pelas suas aplicações práticas nos domínios da biomedicina, aeroespacial, sensores e actuadores, máquinas na indústria da defesa e em muitos outros domínios [67-87]. As substâncias com coeficiente de Poisson positivo são difíceis de comprimir em todas as direcções ao mesmo tempo, mas são fáceis de dobrar. Na linguagem de um cientista de materiais, têm um grande módulo de massa em relação ao módulo de cisalhamento. As substâncias com rácio de Poissson negativo implicam o oposto. Podem ser facilmente comprimidas, mas são difíceis de dobrar. Estas substâncias também são menos frágeis do que os materiais com coeficiente de Poisson positivo. Esta rigidez, sem que o material seja frágil, seria de grande valor para suportar forças de cisalhamento [88]. Na secção seguinte, é feita uma breve introdução aos materiais com coeficiente de Poisson negativo.

Muitos materiais tendem a manter aproximadamente o seu volume quando são esticados ou comprimidos. Um elástico, por exemplo, fica mais fino quando o esticamos. No entanto, não existe uma "Lei da Conservação do Volume". Acontece que a maioria dos materiais fica mais fina quando é esticada. A história recente de coisas que não obedecem a esta regra começou em 1987, quando Roderic Lakes [68] publicou um artigo sobre algumas espumas invulgares que tinha feito. O mais interessante destas espumas era o facto de terem um coeficiente de Poisson negativo, o que dava origem a um mecanismo de deformação único (ver Figura 4) e eram conhecidas como *materiais auxéticos.* O termo auxético vem da palavra grega "auxetos", que significa "aquilo que pode ser aumentado". Desde 1987, quando a espuma auxética isotrópica foi fabricada pela primeira vez [89], os materiais auxéticos têm suscitado interesse para potenciais aplicações em estruturas compatíveis com a integridade estrutural, componentes de sanduíche e, em geral, em dispositivos estruturais passivos inteligentes [90].

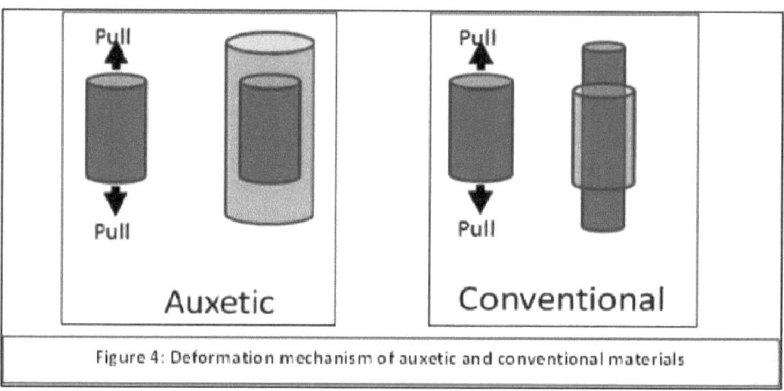

Figure 4: Deformation mechanism of auxetic and conventional materials

As espumas poliméricas e metálicas foram fabricadas com rácios de Poisson tão baixos como -0,7 e -0,8, respetivamente, e estas espumas auxéticas apresentavam estruturas celulares muito mais convolutas [91, 92] (ver Figura 5). As estruturas de espuma isotrópica com rácio de Poisson negativo foram fabricadas através da transformação da estrutura celular de uma forma poliédrica convexa para uma forma côncava ou reentrante em que as nervuras da célula sobressaem para o interior. Este tipo de célula dá origem a um coeficiente de Poisson negativo, uma vez que as células tendem a desdobrar-se quando são estendidas[93].

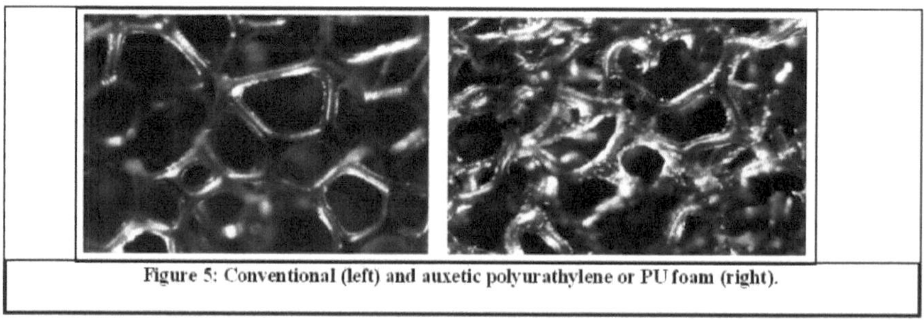
Figure 5: Conventional (left) and auxetic polyurathylene or PU foam (right).

Há mais de cem anos que os cientistas têm conhecimento da existência de materiais auxéticos, sem lhes dar especial atenção e tratando-os simplesmente como um acidente ou uma curiosidade. É bem conhecida a importância da utilização da cortiça, que é um material com um coeficiente de Poisson quase nulo, para vedar garrafas de vinho. No caso de um material isotrópico, o intervalo do coeficiente de Poisson é de -1,0 a 0,5, com base em considerações termodinâmicas da energia de deformação na teoria da elasticidade. Love [94] apresentou um exemplo de uma pirite cúbica monocristalina com um coeficiente de Poisson de -0,14 e sugeriu que o efeito pode ser causado por cristais geminados. Posteriormente, o comportamento auxético foi observado noutros materiais monocristalinos naturais, como o arsénio e o cádmio [78]. Baughman et al. [95, 96] alargaram os estudos anteriores para revelar que 69% dos metais elementares cúbicos e alguns sólidos de gases raros cúbicos de face centrada (FCC) são auxéticos quando esticados ao longo de uma direção específica fora do eixo.

Até à data, foi descoberta, fabricada ou sintetizada uma variedade de materiais e estruturas auxéticas, desde os níveis microscópicos até aos níveis moleculares. Todas as principais classes de materiais (polímeros, compósitos, metais e cerâmicas) podem existir na forma auxética. Para citar alguns - espumas poliméricas e metálicas[83, 93, 94, 97-108], cristais líquidos[109], folhas de nanotubos de carbono "buckypaper" [4], películas de polipropileno [110], géis poliméricos [111], películas elastoméricas semicristalinas de polipropileno [112], redes cristalinas [113], cristais coulombianos em plasmas iónicos cristalizados [114], silicatos de estrutura tetraédrica [115], polímeros microporosos [116], metais cúbicos [117-120], membranas auto-evaporadoras [121, 122] e estruturas planas periódicas realizadas por litografia suave [123].

No entanto, também existem materiais auxéticos naturais. Os monocristais naturais de arsénio [124] e cádmio [125] apresentam um comportamento auxético, tal como a alfa-cristobalite [126]. Alguns materiais biológicos muito importantes são também auxéticos e o primeiro material a ser considerado auxético foi a pele. Verificou-se que vários tipos de pele possuem de facto um coeficiente de Poisson negativo, incluindo a pele de gato [127-129], a pele da teta de vaca [130] e a pele de salamandra [131]. Assim, se a pele artificial tiver de ser combinada para evitar a rejeição, o coeficiente de Poisson é um fator importante a ter em conta. Outro material auxético natural que foi estudado e que se previu ter um coeficiente de Poisson negativo é o osso esponjoso de suporte de carga de tíbias humanas [132]. Outro exemplo de um tecido que demonstra um coeficiente de Poisson negativo é o endotélio arterial quando sujeito a tensões de cisalhamento na parede e a uma deformação circunferencial cíclica devido ao fluxo sanguíneo pulsátil. Assim, observou-se que a camada de fibras subendoteliais alinhadas axialmente das artérias carótidas bovinas engrossa em resposta a uma tensão circunferencial; tal observação indica um comportamento de Poisson negativo [133]. A tabela 3 apresenta um breve resumo dos materiais auxéticos naturais.

Table 3: List of naturally occurring auxetic materials	
Sr.No	**Naturally occurring Auxetic materials**
1	Skin (cat's, cow's and salamander's)
2	Single crystals of Arsenic
3	Single crystals of Cadmium
4	α-Crystobalite
5	Cancellous bone from human shins
6	Arterial endothelium

As construções auxéticas podem ser úteis na engenharia de tecidos do miocárdio (como um penso cardíaco auxético), na engenharia de tecidos da pele e da gordura e no tratamento de feridas (por exemplo, suturas médicas auxéticas). Além disso, um andaime feito de um material auxético, denominado andaime "inteligente", expandir-se-ia e contrair-se-ia em conjunto com as tensões resultantes das pressões cíclicas do fluxo sanguíneo pulsátil. Assim, um suporte auxético que apresente uma expansão (contração) axial e transversal simultânea é suscetível de se integrar facilmente nos tecidos nativos e de melhorar a promoção da regeneração clínica dos tecidos. Os materiais auxéticos já criaram um impacto na indústria biomédica para oferecer dispositivos médicos inteligentes [146-149]. Até à data, foram realizados poucos trabalhos no domínio do fabrico de andaimes. Alguns dos estudos de investigação sobre andaimes inteligentes com comportamento auxético são discutidos na secção seguinte.

3.1. Suportes inteligentes de poliuretano para a engenharia de tecidos da cartilagem articular

Os andaimes são utilizados para a engenharia de tecidos na indústria biomédica, geralmente para a regeneração de ossos e cartilagens com o objetivo de transplantar tecidos na cirurgia ortopédica [134]. A negligência da biocompatibilidade pode resultar em instabilidade mecânica da articulação e noutras rupturas catastróficas da cartilagem [135]. Para reparar defeitos no tecido cartilagíneo, os suportes porosos tridimensionais promovem a sua candidatura para fornecer o suporte necessário para a proliferação celular e a sua função de diferenciação [4, 136]. A maioria dos materiais naturais e sintéticos utilizados para fabricar estas estruturas tem um rácio de Poisson positivo e uma forma celular convexa [137].

Recentemente, a atenção da investigação tem-se centrado na relação entre a resposta dos condrócitos e as propriedades físicas [135], o mecanismo de deformação, as propriedades mecânicas melhoradas por medida e o efeito da auxiticidade. Foi relatado o fabrico e a caraterização de um suporte de poliuretano (PU) auxético para a regeneração da cartilagem e a eficácia da proliferação de condrócitos sob compressão [137]. Os resultados experimentais sugerem que a proliferação celular foi quase 1,3 vezes superior após 3 dias e, após 5 dias, o conteúdo de colagénio (produzido pelas células) no meio de proliferação celular foi 1,5 vezes superior em cultura. Os autores afirmaram que estes resultados podem ter sido devidos ao comportamento auxiliar do andaime inteligente, em resultado da transmissão de uma carga de compressão isotrópica às células sob o rácio de Poisson negativo do andaime.

3.2. Suportes em camadas de polímeros auxiliares

Na engenharia de tecidos, o comportamento elástico e mecânico do suporte deve corresponder ao do tecido nativo. Isto ajudará a acomodar as forças aplicadas pelas células e outras cargas mecânicas externas impostas durante as actividades diárias do doente, a cicatrização de feridas e o fluxo sanguíneo[138]. Os parâmetros materiais, como o módulo de elasticidade e o rácio de Poison, representam o mecanismo de deformação do qual depende o comportamento elástico de um andaime poroso, ao passo que a tensão de cedência e a rigidez proporcionam uma integridade mecânica satisfatória [105] . É bem conhecido que os andaimes convencionais se contraem na direção transversal quando se expandem na direção axial, uma vez que possuem um coeficiente de Poisson positivo. Na regeneração de tecidos, os scaffolds adaptados com rácio de Poisson negativo, designados por scaffolds "inteligentes", podem corresponder bem ao mecanismo do tecido nativo [103,113, 139144]. Foi fabricado um andaime de PEG de camada simples e dupla com efeito auxético [105], ajustando o rácio de Poisson negativo, concebido a partir de modelos analíticos baseados na literatura. Os autores observaram que o mecanismo de deformação do andaime de camada dupla apresentava um comportamento semelhante e que os poros estavam interligados da mesma forma que se esperava de um andaime de tecido polimérico. Além disso, os valores dos rácios de Poisson dependentes da deformação eram quase semelhantes para os andaimes de camada simples e dupla. Os resultados sugerem que os andaimes inteligentes feitos de materiais auxéticos podem ser fabricados em várias camadas, adaptados para melhorar as propriedades mecânicas e elásticas para a bioengenharia de tecidos. O quadro 4 resume as várias aplicações biomédicas dos materiais auxéticos.

3.3. Suportes auxiliares de engenharia de tecidos com caraterísticas nanométricas

Recentemente, Jackman e colaboradores [144] discutiram uma abordagem melhorada para o desenvolvimento de materiais auxiliares com base na utilização de gravura iónica reactiva profunda (DRIE) e na precisão de pormenores nanométricos, para obter um rácio de aspeto elevado (AR) que promova a possibilidade de produção em massa. O resultado destes andaimes inteligentes foi analisado através de simulações baseadas no Método dos Elementos Finitos (MEF). Os autores validaram estes andaimes inteligentes para futuros estudos de engenharia de tecidos depois de monitorizarem os processos de cultura de células em andaimes auxéticos e os resultados da análise computacional.

3.4. Suportes de poliuretano 3-D auxiliares para a expansão de células estaminais pluripotentes e a diferenciação neural

Noutro estudo, os cientistas estudaram o fabrico e a caraterização de um andaime "inteligente" 3-D de espuma de poliuretano auxético (PU) para diferenciação neural [145] . Para analisar o desempenho dos suportes inteligentes, foram utilizadas células estaminais embrionárias de ratinho e células estaminais pluripotentes induzidas humanas. Através da microscopia eletrónica de varrimento (SEM) e da microscopia confocal de varrimento a laser (CSLM), observou-se a organização celular. Verificou-se que os scaffolds auxéticos suportavam uma menor formação de agregados em comparação com os scaffolds não auxéticos, afectando o processo de auto-montagem das células estaminais pluripotentes. Os autores referiram que as células nestes suportes apresentavam um tempo de duplicação de 20-24 horas na fase de expansão e expressavam um elevado nível de marcadores pluripotentes, como o Oct-4 e a fosfatase alcalina. Sugeriu-se que as construções 3D inteligentes com um espetro de microambientes biofísicos podem ser utilizadas para a geração de células neurais derivadas de células estaminais pluripotentes para modelação de doenças, rastreio de medicamentos e medicina regenerativa.

Table 4: Brief summary of biomedical applications of auxetic materials		
Sr.No	**Auxetic materials**	**Applications**
1	Auxetic Polytetrafluoroethylene (PTFE)	Stents, stent covers and stent grafts
2	Auxetic polyurethane (PU)	a) Scaffolds for cartilage regeneration and chondrocyte proliferation b) Pluripotent stem cell expansion and neural differentiation
3	Auxetic single-layer and double-layer Polyethyleneglycol (PEG)	Scaffolds with improved mechanical and elastic properties
4	Auxetic PVA foams	Scaffolds with tunable porosity and enhanced sustainability under stress

4. FUTURO DOS MATERIAIS AUXÉTICOS COMO SUPORTES INTELIGENTES

Embora se tenham registado avanços consideráveis no domínio da engenharia de tecidos, a regeneração completa dos tecidos utilizando um suporte *in vivo* continua a ser um desafio. A resistência mecânica, a porosidade, a interação celular, a deformidade do andaime, a MEC e a degradação sustentada continuam a ser factores importantes que determinam a qualidade de um andaime. Estão a ser utilizados muitos materiais para o fabrico de andaimes, mas ainda não foi criado um andaime que demonstre todas as propriedades necessárias. Entre todos os materiais regulares e inteligentes existentes, os materiais auxéticos têm potencial para serem utilizados na engenharia biomédica para a regeneração de tecidos.

Os materiais auxiliares, que são altamente interdisciplinares e estão a ser cada vez mais reconhecidos como um componente integral dos materiais inteligentes, já foram levados da universidade para a indústria. O desenvolvimento de polímeros auxéticos foi alargado nos últimos anos em estruturas tecidas e não tecidas [146-149]. Estes polímeros demonstraram a capacidade de resistir à pressão (Figura 2) e de se expandir em duas dimensões quando esticados, aumentando a resistência mecânica do suporte. A obtenção de uma porosidade ajustável para permitir a fixação e a proliferação de células também foi discutida anteriormente. Tendo em conta os capítulos anteriores deste livro, pode dizer-se que, para além das aplicações noutras indústrias, os materiais auxéticos podem ser utilizados como materiais "inteligentes" em suportes para a regeneração de tecidos como a cartilagem, o rim, o fígado e o osso. A regeneração de outros tecidos pode também ser explorada através da introdução de variações nos poros, tamanho, resistência mecânica e composição. Em suma, embora os materiais auxéticos ainda precisem de ser amplamente explorados, demonstraram as propriedades necessárias para um suporte "inteligente" para aplicações em engenharia de tecidos.

REFERÊNCIAS

[1]   Yannas IV, Burke JF. Método de promoção da geração de tecido numa ferida. Google Patents; 1984.

[2]   Shalaby SW, Jamiolkowski DD. Dispositivos cirúrgicos absorvíveis sintéticos de poli (oxalatos de alquileno). Google Patents; 1980.

[3]   Hughes KE, Hutson TB, Fink DJ. Gelificação, reticulação com glutaraldeído; boa resistência a húmido para implantes. Google Patents; 1985.

[4]   Hutmacher DW. Scaffolds in tissue engineering bone and cartilage. Biomaterials. 2000;21 (24):2529-43.

[5]   Drury JL, Mooney DJ. Hydrogels for tissue engineering: scaffold design variables and applications. Biomaterials. 2003;24(24):4337-51.

[6]   Sheridan M, Shea L, Peters M, Mooney D. Bioabsorbable polymer scaffolds for tissue engineering capable of sustained growth fator delivery. Journal of Controlled Release. 2000;64(1):91-102.

[7]   Organização Mundial da Saúde. Assessment of fracture risk and its application to screening for postmenopausal osteoporosis: report of a WHO study group [reunião realizada em Roma de 22 a 25 de junho de 1992]. 1994.

[8]   Yang S, Leong K-F, Du Z, Chua C-K. A conceção de andaimes para utilização na engenharia de tecidos. Parte I. Factores tradicionais. Tissue engineering. 2001;7(6):679-89.

[9]   Gomes ME, Godinho J, Tchalamov D, Cunha A, Reis R. Scaffolds alternativos de engenharia de tecidos baseados em amido: metodologias de processamento, morfologia, degradação e propriedades mecânicas. Ciência e Engenharia de Materiais: C. 2002;20(1):19-26.

[10]   Lam CXF, Mo X, Teoh S-H, Hutmacher D. Desenvolvimento de andaimes utilizando a impressão 3D com um polímero à base de amido. Ciência e Engenharia de Materiais: C. 2002;20(1):49-56.

[11]   Hutmacher DW, Sittinger M, Risbud MV. Scaffold-based tissue engineering: rationale for computer-aided design and solid free-form fabrication systems. TRENDS in Biotechnology. 2004;22(7):354-62.

[12]   Madihally SV, Matthew HW. Scaffolds porosos de quitosana para engenharia de tecidos. Biomaterials. 1999;20(12):1133-42.

[13]   Bhattarai SR, Bhattarai N, Yi HK, Hwang PH, Cha DI, Kim HY. Novel biodegradable electrospun membrane: scaffold for tissue engineering. Biomaterials. 2004;25(13):2595-602.

[14]   Williams JM, Adewunmi A, Schek RM, Flanagan CL, Krebsbach PH, Feinberg SE, et al. Engenharia de tecidos ósseos utilizando scaffolds de policaprolactona fabricados através de sinterização selectiva a laser. Biomaterials. 2005;26(23):4817-27.

[15]   Campoccia D, Doherty P, Radice M, Brun P, Abatangelo G, Williams DF. Materiais reabsorvíveis semissintéticos a partir da esterificação do hialuronano. Biomaterials. 1998;19(23):2101-27.

[16]   Teoh SH, Hutmacher DW, Tan KC, Tam KF, Zein I. Scaffolds tridimensionais bioreabsorvíveis para aplicações de engenharia de tecidos. Google Patents; 2011.

[17]   Laurencin CT, Nukavarapu SP, Kumbar SG. Scaffolds compósitos de nanotubos de carbono para engenharia de tecido ósseo. Google Patents; 2013.

[18]   Yang F, Han LH, Tong X. Scaffolds 3-D macroporosos para engenharia de tecidos. Google Patents; 2014.

[19]   Spoerke ED, Murray NG, Li H, Brinson LC, Dunand DC, Stupp SI. Um andaime de espuma de titânio bioativo para reparação óssea. Ata Biomaterialia. 2005;1(5):523-33.

[20]   Chen QZ, Thompson ID, Boccaccini AR. 45S5 Bioglass®-derived glassceramic scaffolds for bone tissue engineering. Biomaterials. 2006;27(11):2414-25.

[21]   MacDonald RA, Laurenzi BF, Viswanathan G, Ajayan PM, Stegemann JP. Collagen-carbon nanotube composite materials as scaffolds in tissue engineering. Journal of Biomedical Materials Research Part A. 2005;74(3):489- 96.

[22]   Yang J, Chung TW, Nagaoka M, Goto M, Cho C-S, Akaike T. Hepatocyte-specific porous polymer-scaffolds of alginate/galactosylated chitosan sponge for liver-tissue engineering. Biotechnology letters. 2001;23(17):1385-9.

[23]   Stevens MM, George JH. Exploring and engineering the cell surface interface (Exploração e engenharia da interface da superfície celular). Science. 2005;310(5751):1135-8.

[24]   Badami AS, Kreke MR, Thompson MS, Riffle JS, Goldstein AS. Effect of fiber diameter on spreading, proliferation, and differentiation of osteoblastic cells on electrospun poly (lactic acid) substrates. Biomaterials. 2006;27(4):596- 606.

[25]   Murphy CM, Haugh MG, O'Brien FJ. The effect of mean pore size on cell attachment, proliferation and migration in collagen-glycosaminoglycan scaffolds for bone tissue engineering. Biomaterials. 2010;31(3):461-6.

[26]   Shin H, Jo S, Mikos AG. Biomimetic materials for tissue engineering. Biomaterials. 2003;24(24):4353-64.

[27]   Place ES, George JH, Williams CK, Stevens MM. Scaffolds de polímeros sintéticos para engenharia de tecidos. Chemical Society Reviews. 2009;38(4):1139-51.

[28]   Hutmacher DW, Schantz T, Zein I, Ng KW, Teoh SH, Tan KC. Propriedades mecânicas e resposta cultural celular de estruturas de policaprolactona concebidas e fabricadas através de modelação por deposição fundida. Journal of biomedical materials research. 2001;55(2):203-16.

[29]   Peter SJ, Miller ST, Zhu G, Yasko AW, Mikos AG. Degradação in vivo de um scaffold compósito injetável de poli (fumarato de propileno)/fosfato de p-tricálcio. Journal of biomedical materials research. 1998;41(1):1-7.

[30]   Wu L, Ding J. In vitro degradation of three-dimensional porous poly (D, L-lactide-co-glycolide) scaffolds for tissue engineering. Biomaterials. 2004;25(27):5821-30.

[31]   Mikos AG, Temenoff JS. Formação de andaimes biodegradáveis altamente porosos para engenharia de tecidos. Jornal Eletrónico de Biotecnologia. 2000;3(2):23-4.

[32]   Rnjak-Kovacina J, Wise SG, Li Z, Maitz PK, Young CJ, Wang Y, et al. Tailoring the porosity and pore size of electrospun synthetic human elastin scaffolds for dermal tissue engineering. Biomaterials. 2011;32(28):6729-36.

[33]   Yannas I, Lee E, Orgill D, Skrabut E, Murphy G. Síntese e caraterização de uma matriz extracelular modelo que induz a regeneração parcial da pele de mamíferos adultos. Actas da Academia Nacional de Ciências. 1989;86(3):933-7.

[34]   O'Brien FJ, Harley B, Yannas IV, Gibson LJ. The effect of pore size on cell adhesion in collagen-GAG scaffolds. Biomaterials. 2005;26(4):433-41.

[35]   Boyan BD, Hummert TW, Dean DD, Schwartz Z. Role of material surfaces in regulating bone and cartilage cell response. Biomaterials. 1996;17(2):137-46.

[36]   Keselowsky BG, Collard DM, García AJ. A química da superfície modula a conformação da fibronectina e dirige a ligação e a especificidade da integrina para controlar a adesão celular. Journal of Biomedical Materials Research Part A. 2003;66(2):247-59.

[37]   Liu X, Won Y, Ma PX. Porogen-induced surface modification of nano- fibrous poly (L-lactic acid) scaffolds for tissue engineering. Biomaterials. 2006;27(21):3980-7.

[38]   Stoop R. Smart biomaterials for tissue engineering of cartilage (biomateriais inteligentes para a engenharia de tecidos da cartilagem). Injury. 2008;39(1):77-87.

[39]   Furth ME, Atala A, Van Dyke ME. Conceção de biomateriais inteligentes para engenharia de tecidos e medicina regenerativa. Biomaterials. 2007;28(34):5068-73.

[40]   Garty S, Kimelman-Bleich N, Hayouka Z, Cohn D, Friedler A, Pelled G, et al. Peptide-modified "smart" hydrogels and genetically engineered stem cells for skeletal tissue engineering. Biomacromolecules. 2010;11(6):1516-26.

[41]   Folch A, Mezzour S, Du M, Hurtado O, Toner M, Mu R. Stacks of microfabricated structures as scaffolds for cell culture and tissue engineering. Biomedical Microdevices. 2000;2(3):207-14.

[42]   Dai N-T, Williamson M, Khammo N, Adams E, Coombes A. Composite cell support membranes based on collagen and polycaprolactone for tissue engineering of skin. Biomaterials. 2004;25(18):4263-71.

[43]   Yoshikawa H, Myoui A. Bone tissue engineering with porous hydroxyapatite ceramics. Journal of Artificial Organs. 2005;8(3):131-6.

[44]   Yang F, Murugan R, Ramakrishna S, Wang X, Ma Y-X, Wang S. Fabrico de

um andaime de PLLA poroso nano-estruturado destinado à engenharia de tecidos nervosos. Biomaterials. 2004;25(10):1891-900.

[45] Koike N, Fukumura D, Gralla O, Au P, Schechner JS, Jain RK. Tissue engenharia: criação de vasos sanguíneos de longa duração. Natureza. 2004;428(6979):138-9.

[46] Da Silva RM, Mano JF, Reis RL. Revestimentos e superfícies termoresponsivas inteligentes para engenharia de tecidos: alterando as fronteiras célula-material. TRENDS in Biotechnology. 2007;25(12):577-83.

[47] Takezawa T, Mori Y, Yoshizato K. Cultura de células numa superfície de polímero termo-responsivo. Nature Biotechnology. 1990;8(9):854-6.

[48] Sumide T, Nishida K, Yamato M, Ide T, Hayashida Y, Watanabe K, et al. Functional human corneal endothelial cell sheets harvested from temperature-responsive culture surfaces. The FASEB Journal. 2006;20(2):392-4.

[49] Matsusaki M, Akashi M. Novel functional biodegradable polymer IV: pH-sensitive controlled release of fibroblast growth fator-2 from a poly (y- glutamic acid)-sulfonate matrix for tissue engineering. Biomacromolecules. 2005;6(6):3351-6.

[50] Kim HK, Shim WS, Kim SE, Lee K-H, Kang E, Kim J-H, et al. Hidrogel Injetável In Situ-Forming pH/Thermo-Sensitive para Engenharia de Tecidos Ósseos. Tissue Engineering Part A. 2008;15(4):923-33.

[51] Rosellini E, Cristallini C, Guerra GD, Barbani N. Imobilização química da superfície de péptidos bioactivos em polímeros sintéticos para engenharia de tecidos cardíacos. Journal of Biomaterials Science, Polymer Edition. 2015(acabado de aceitar):1-37.

[52] Poddar P. A Comparative Study of Auxetic and Nonauxetic Materials (Um Estudo Comparativo de Materiais Auxéticos e Não-Auxéticos). Journal of Pure Applied and Industrial Physics. 2015;5(1):13-8.

[53] Evans KE, Alderson A. Auxetic materials: functional materials and structures from lateral thinking! Materiais avançados. 2000;12(9):617-28.

[54] Evans K, Alderson K. Auxetic materials: the positive side of being negative (Materiais auxiliares: o lado positivo de ser negativo). Engineering Science and

Education Journal. 2000;9(4):148-54.

[55]   Nishida K, Yamato M, Hayashida Y, Watanabe K, Yamamoto K, Adachi E, et al. Reconstrução da córnea com folhas de células de engenharia de tecidos compostas por epitélio autólogo da mucosa oral. New England Journal of Medicine. 2004;351(12):1187-96.

[56]   Yamato M, Utsumi M, Kushida A, Konno C, Kikuchi A, Okano T. As placas de cultura termo-responsivas permitem a colheita intacta de folhas de queratinócitos de várias camadas sem dissipação através da redução da temperatura. Tissue engineering. 2001;7(4):473-80.

[57]   Gao X, He C, Xiao C, Zhuang X, Chen X. Hidrogéis biodegradáveis derivados do ácido poliacrílico sensíveis ao pH com comportamento de dilatação ajustável para administração oral de insulina. Polymer. 2013;54(7):1786-93.

[58]   Ito H, Steplewski A, Alabyeva T, Fertala A. Testing the utility of rationally engineered recombinant collagen-like proteins for applications in tissue engineering. Journal of Biomedical Materials Research Part A. 2006;76(3):551-60.

[59]   Lagos RS. Espuma de células abertas com coeficiente de poisson negativo. Google Patents; 1987.

[60]   Bhullar SK, Bedeloglu A, Jun MB. REVISTA INTERNACIONAL DE CIÊNCIA E ENGENHARIA AVANÇADAS. Int J Adv Sci Eng Vol. 2014;1(2).

[61]   Lakes R. Design considerations for negative Poisson's ratio materials (Considerações de projeto para materiais com coeficiente de Poisson negativo). ASME Journal of Mechanical Design. 1993;115:696-700.

[62]   Lakes R. Advances in negative Poisson's ratio materials (Avanços em materiais com rácio de Poisson negativo). Materiais Avançados. 1993;5(4):293-6.

[63]   Prall D, Lakes R. Properties of a chiral honeycomb with a Poisson's ratio of-1. International Journal of Mechanical Sciences. 1997;39(3):305-14.

[64]   Wei G, Edwards S. Janelas de auxeticidade para compósitos. Physica A: Statistical Mechanics and its Applications. 1998;258(1):5-10.

[65]   Smith C, Wootton R, Evans K. Interpretação de dados experimentais para o rácio de Poisson de materiais altamente não lineares. Experimental Mechanics.

1999;39(4):356-62.

[66]   Smith CW, Grima J, Evans K. Um novo mecanismo para gerar comportamento auxético em espumas reticuladas: modelo de espuma de costela em falta. Ata materialia. 2000;48(17):4349-56.

[67]   Rovati M. Direcções de auxeticidade para cristais monoclínicos. Scripta materialia. 2004;51(11):1087-91.

[68]   Jin H, Lewis JL. Determinação do rácio de Poisson da cartilagem articular por indentação utilizando indentadores de diferentes tamanhos. Journal of biomechanical engineering. 2004;126(2):138-45.

[69]   Bergamasco G, Burriesci G. Prótese de anuloplastia com uma estrutura auxética. Google Patents; 2009.

[70]   Shil'ko S, Petrokovets E, Pleskachevskii YM. Uma análise da deformação de contacto de compósitos auxéticos. Mechanics of Composite Materials. 2006;42(5):477-84.

[71]   Liu Q. Revisão da literatura: materiais com rácios de Poisson negativos e potenciais aplicações no sector aeroespacial e da defesa: Documento DTIC2006.

[72]   Alderson A, Alderson K. Auxetic materials. Actas da Instituição de Engenheiros Mecânicos, Parte G: Jornal de Engenharia Aeroespacial. 2007;221(4):565-75.

[73]   Scarpa F. Materiais auxiliares para bioproteses [Em destaque]. Revista Signal Processing, IEEE. 2008;25(5):128-6.

[74]   Strek T, Maruszewski B, Narojczyk JW, Wojciechowski K. Análise de elementos finitos da deformação de placas auxéticas. Journal of Non-Crystalline Solids. 2008;354(35):4475-80.

[75]   Bianchi M, Scarpa F, Smith C, Whittell GR. Physical and thermal effects on the shape memory behaviour of auxetic open cell foams. Jornal de ciência dos materiais. 2010;45(2):341-7.

[76]   Huang X, Blackburn S. Desenvolvimento de uma nova rota de processamento para fabricar cerâmicas alveolares com rácio de Poisson negativo. Key Engineering Materials. 2001;206:201-4.

[77] Lakes R, Elms K. Indentability of conventional and negative Poisson's ratio foams (Indentabilidade de espumas com rácio de Poisson convencional e negativo). Journal of Composite Materials. 1993;27(12):1193-202.

[78] Alderson K, Fitzgerald A, Evans K. The strain dependent indentation resilience of auxetic microporous polyethylene. Journal of Materials Science. 2000;35(16):4039-47.

[79] Cherfas J. Stretching the point. Science. 1990;247:630.

[80] Lakes R. Estruturas de espuma com um rácio de Poisson negativo. Science. 1987;235(4792):1038-40.

[81] Scarpa F, Bullough W, Lumley P. Trends in acoustic properties of iron particle seeded auxetic polyurethane foam (Tendências nas propriedades acústicas da espuma de poliuretano auxiliar semeada com partículas de ferro). Proceedings of the Institution of Mechanical Engineers, Parte C: Journal of Mechanical Engineering Science. 2004;218(2):241-4.

[82] Scarpa F, Ciffo L, Yates J. Propriedades dinâmicas de espuma de células abertas auxéticas de elevada integridade estrutural. Smart Materials and Structures. 2004;13(1):49.

[83] Baughman RH, Shacklette JM, Zakhidov AA, Stafstrom S. Os rácios de Poisson negativos são uma caraterística comum dos metais cúbicos. Nature. 1998;392(6674):362-5.

[84] Lakes RS. Estrutura celular de poliedro e método de fabrico do mesmo. Google Patents; 1991.

[85] Love A. Treatise on the Mathematical Theory of Elasticity (Tratado sobre a teoria matemática da elasticidade). Cambridge University Press, Cambridge; 1927.

[86] Gunton D, Saunders G. The Young's modulus and Poisson's ratio of arsenic, antimony and bismuth. Journal of Materials Science. 1972;7(9): 1061-8.

[87] Baughman RH, Galvao DS. Redes cristalinas com propriedades mecânicas e térmicas previstas invulgares. Nature. 1993;365(6448):735-7.

[88] Baughman RH, Dantas SO, Stafstrom S, Zakhidov AA, Mitchell TB, Dubin DH. Rácios de Poisson negativos para estados extremos da matéria. Science.

2000;288(5473):2018-22.

[89]   Li Y. O comportamento anisotrópico do coeficiente de Poisson, módulo de Young e módulo de cisalhamento em materiais hexagonais. physica status solidi (a). 1976;38(1):171- 5.

[90]   Scarpa F, Giacomin J, Bezazi A, Bullough W, editores. Comportamento dinâmico e capacidade de amortecimento de almofadas de espuma auxética. Estruturas e materiais inteligentes; 2006: Sociedade Internacional de Ótica e Fotónica.

[91]   Brandel B, Lakes R. Espumas de polietileno com rácio de Poisson negativo. Journal of Materials Science. 2001;36(24):5885-93.

[92]   Chan N, Evans K. Fabrication methods for auxetic foams (Métodos de fabrico de espumas auxéticas). Journal of Materials Science. 1997;32(22):5945-53.

[93]   Caddock B, Evans K. Materiais microporosos com rácios de Poisson negativos. I. Microestrutura e propriedades mecânicas. Journal of Physics D: Applied Physics. 1989;22(12):1877.

[94]   Frolich L, Labarbera M, Stevens W. Rácio de Poisson de uma bainha de fibras cruzadas: a pele de salamandras aquáticas. Journal of Zoology. 1994;232(2):231- 52.

[95]   Pickles A, Webber R, Alderson K, Neale P, Evans K. The effect of the processing parameters on the fabrication of auxetic polyethylene (O efeito dos parâmetros de processamento no fabrico de polietileno auxiliar). Journal of materials science. 1995;30(16):4059-68.

[96]   Evans KE. Polímeros auxiliares: uma nova gama de materiais. Endeavour. 1991;15(4):170-4.

[97]   Kang D, Mahajan MP, Zhang S, Petschek RG, Rosenblatt C, He C, et al. Comportamento pré-transicional acima da transição de fase nemática-isotrópica de um cristal líquido de trímero auxético. Physical Review E. 1999;60(4):4980.

[98]   Alderson A, Evans KE. Origem molecular do comportamento auxético em silicatos de estrutura tetraédrica. Physical review letters. 2002;89(22):225503.

[99]   Evans K, Nkansah M, Hutchinson I, Rogers S. Molecular network design. 1991.

[100] Bowick M, Cacciuto A, Thorleifsson G, Travesset A. Rácio de Poisson negativo universal de membranas de conetividade fixa auto-evidente. Physical Review Letters. 2001;87(14):148103.

[101] Alderson A, Rasburn J, Ameer-Beg S, Mullarkey PG, Perrie W, Evans KE. Um filtro auxético: um filtro sintonizável com maior seletividade de tamanho ou propriedades anti-incrustantes. Investigação em química industrial e de engenharia. 2000;39(3):654-65.

[102] Yeganeh-Haeri A, Weidner DJ, Parise JB. Elasticity of a-cristobalite: a silicon dioxide with a negative Poisson's ratio. Science. 1992;257(5070):650-2.

[103] Veronda D, Westmann R. Caracterização mecânica das deformações finitas da pele. Journal of biomechanics. 1970;3(1):111-24.

[104] Lees C, Vincent JF, Hillerton JE. Rácio de Poisson na pele. Bio-medical materials and engineering. 1991;1(1):19-23.

[105] Williams J, Lewis J. Properties and anisotropic model of cancellous bone from the proximal tibial epiphysis (Propriedades e um modelo anisotrópico de osso esponjoso da epífise proximal da tíbia). Journal of biomechanical engineering. 1982;104(1):50-6.

[106] Liulan L, Qingxi H, Xianxu H, Gaochun X. Conceção e fabrico de suportes de engenharia de tecidos ósseos através de prototipagem rápida e CAD. Journal of Rare Earths. 2007;25:379-83.

[107] Pan Y, Dong S, Hao Y, Chu T, Li C, Zhang Z, et al. Gelatina de matriz óssea desmineralizada como suporte para a engenharia de tecidos. Jornal Africano de Investigação em Microbiologia. 2010;4(9):865-70.

[108] Montjovent M-O, Burri N, Mark S, Federici E, Scaletta C, Zambelli P-Y, et al. Fetal bone cells for tissue engineering. Bone. 2004;35(6):1323-33.

[109] Montjovent M-O, Mark S, Mathieu L, Scaletta C, Scherberich A, Delabarde C, et al. Células ósseas fetais humanas associadas a estruturas de PLA reforçadas com cerâmica para engenharia de tecidos. Bone. 2008;42(3):554-64.

[110] Karageorgiou V, Kaplan D. Porosidade dos suportes de biomateriais 3D e osteogénese. Biomaterials. 2005;26(27):5474-91.

[111] Flautre B, Descamps M, Delecourt C, Blary M, Hardouin P. Cerâmica HA porosa para substituição óssea: papel dos poros e interconexões - estudo experimental no coelho. Jornal de ciência dos materiais: materiais em medicina. 2001;12(8):679-82.

[112] Galois L, Mainard D. Crescimento ósseo em duas cerâmicas porosas com diferentes tamanhos de poros: um estudo experimental. Ata Orthop Belg. 2004;70(6):598- 603.

[113] Fozdar DY, Soman P, Lee JW, Han LH, Chen S. Construções de polímeros tridimensionais que exibem um rácio de Poisson negativo sintonizável. Materiais funcionais avançados. 2011;21(14):2712-20.

[114] Gauthier O, Bouler J-M, Aguado E, Pilet P, Daculsi G. Cerâmica de fosfato de cálcio bifásica macroporosa: influência do diâmetro dos macroporos e da percentagem de macroporosidade no crescimento ósseo. Biomaterials. 1998;19(1):133-9.

[115] Kuboki Y, Jin Q, Takita H. Geometria dos suportes que controlam a expressão fenotípica na osteogénese e condrogénese induzidas por BMP. The Journal of Bone & Joint Surgery. 2001;83(1 suppl 2):S105-S15.

[116] Bobyn J, Pilliar R, Cameron H, Weatherly G. O tamanho ótimo dos poros para a fixação de implantes metálicos com superfície porosa através do crescimento do osso. Ortopedia clínica e investigação relacionada. 1980;150:263-70.

[117] Cheung H-Y, Lau K-T, Lu T-P, Hui D. A critical review on polymer- based bio-engineered materials for scaffold development. Composites Part B: Engineering. 2007;38(3):291-300.

[118] Eggli P, Moller W, Schenk R. Cilindros porosos de hidroxiapatite e fosfato tricálcico com duas gamas de tamanhos de poros diferentes implantados no osso esponjoso de coelhos: A Comparative Histomorphometric and Histologic Study of Bony Ingrowth and Implant Substitution (Estudo histomorfométrico e histológico comparativo do crescimento ósseo e da substituição do implante). Ortopedia clínica e investigação relacionada. 1988;232:127-38.

[119] Hollister SJ, Lin C, Saito E, Schek R, Taboas J, Williams J, et al. Engineering

craniofacial scaffolds. Orthodontics & craniofacial research. 2005;8(3):162-73.

[120] Schek RM, Wilke EN, Hollister SJ, Krebsbach PH. Utilização combinada de andaimes concebidos e terapia genética adenoviral para a engenharia de tecidos esqueléticos. Biomaterials. 2006;27(7):1160-6.

[121] Klenke FM, Liu Y, Yuan H, Hunziker EB, Siebenrock KA, Hofstetter W. Impacto do tamanho dos poros na vascularização e osseointegração de substitutos ósseos cerâmicos in vivo. Journal of Biomedical Materials Research Part A. 2008;85(3):777-86.

[122] Entezarian M, Smasal R, Peskar JC. Métodos, ferramentas e produtos para estruturas porosas ordenadas moldadas. Google Patents; 2010.

[123] Kramschuster A, Turng LS. Um processo de moldagem por injeção para o fabrico de matrizes de polímeros biodegradáveis altamente porosos e interligados para utilização como suportes de engenharia de tecidos. Journal of Biomedical Materials Research Part B: Applied Biomaterials. 2010;92(2):366-76.

[124] Bernhardt A, Lode A, Peters F, Gelinsky M. Otimização das condições de cultura para células estaminais mesenquimais induzidas osteogenicamente em cerâmicas de fosfato p-tricálcico com grandes canais interligados. Jornal de engenharia de tecidos e medicina regenerativa. 2011;5(6):444-53.

[125] von Doernberg M-C, von Rechenberg B, Bohner M, Grunenfelder S, van Lenthe GH, Muller R, et al. In vivo behavior of calcium phosphate scaffolds with four different pore sizes. Biomaterials. 2006;27(30):5186-98.

[126] Xu S, Li D, Wang C, Wang Z, Lu B. Proliferação de células em andaimes CPC com um canal central. Bio-medical materials and engineering. 2007;17(1):1-8.

[127] Cordell JM, Vogl ML, Johnson AJW. The influence of micropore size on the mechanical properties of bulk hydroxyapatite and hydroxyapatite scaffolds. Journal of the mechanical behavior of biomedical materials (Jornal do comportamento mecânico dos materiais biomédicos). 2009;2(5):560-70.

[128] Habibovic P, Yuan H, van der Valk CM, Meijer G, van Blitterswijk CA, de Groot K. 3D microenvironment as essential element for osteoinduction by biomaterials. Biomaterials. 2005;26(17):3565-75.

[129] Rumpler M, Woesz A, Varga F, Manjubala I, Klaushofer K, Fratzl P. Comportamento de crescimento tridimensional de osteoblastos em suportes biomiméticos de hidroxilapatite. Journal of Biomedical Materials Research Part A. 2007;81(1):40-50.

[130] Chevray R, Mathieu J. Topics in fluid mechanics: Cambridge University Press; 1993.

[131] Liebschner M, Wettergreen M. Otimização da engenharia de andaimes ósseos para aplicações de suporte de carga. Tópicos em engenharia de tecidos. 2003:1-39.

[132] Hulbert S, Young F, Mathews R, Klawitter J, Talbert C, Stelling F. Potencial dos materiais cerâmicos como próteses esqueléticas permanentemente implantáveis. Journal of biomedical materials research. 1970;4(3):433-56.

[133] Patrick JR C. Prospectus of Tissue Engineering, en "Frontiers in Tissue Engineering", Ed. CW Patrick, AG Mikos, LV McIntire. Elsevier Science Ltd., Reino Unido; 1998.

[134] Jung Y, Park MS, Lee JW, Kim YH, Kim S-H, Kim SH. Regeneração da cartilagem com scaffolds tridimensionais altamente elásticos preparados a partir de poli (l-lactido-co-caprolactona) biodegradável.Biomaterials.
2008;29(35):4630-6.

[135] Wang Y, Blasioli DJ, Kim H-J, Kim HS, Kaplan DL. Cartilage tissue engineering with silk scaffolds and human articular chondrocytes. Biomaterials. 2006;27(25):4434-42.

[136] Choi J, Lakes R. Análise do módulo de elasticidade de espumas convencionais e de materiais de espuma reentrante com um rácio de Poisson negativo. Jornal Internacional de Ciências Mecânicas. 1995;37(1):51-9.

[137] Park YJ, Kim JK. O efeito de scaffolds de poliuretano com rácio de Poisson negativo para aplicações de engenharia de tecidos de cartilagem articular. Avanços em Ciência e Engenharia de Materiais. 2013;2013.

[138] Lee W. 'Cellular solids, structure and properties' (Sólidos celulares, estrutura e propriedades). Ciência e Tecnologia dos Materiais. 2000;16(2):233.

[139] Chen X, Brodland GW. Determinantes mecânicos da espessura do epitélio em

embriões em fase inicial. Journal of the mechanical behavior of biomedical materials (Jornal do comportamento mecânico de materiais biomédicos). 2009;2(5):494-501.

[140] Timmins LH, Wu Q, Yeh AT, Moore JE, Greenwald SE. Structural inhomogeneity and fiber orientation in the inner arterial media. American Journal of Physiology-Heart and Circulatory Physiology. 2010;298(5):H1537- H45.

[141] Burriesci G, Bergamasco G. Prótese de anuloplastia com uma estrutura auxética. Google Patents; 2007.

[142] Lin CY, Kikuchi N, Hollister SJ. A novel method for biomaterial scaffold internal architecture design to match bone elastic properties with desired porosity. Journal of biomechanics. 2004;37(5):623-36.

[143] Lakes R. Ciência dos materiais: Uma visão mais alargada das membranas. Nature. 2001;414(6863):503-4.

[144] Jackman RJ, Brittain ST, Adams A, Prentiss MG, Whitesides GM. Conceção e fabrico de microestruturas tridimensionais topologicamente complexas. Science. 1998;280(5372):2089-91.

[145] Lai Y. Reunião Anual de 2012, 28 de outubro a 2 de novembro de 2012.

[146] Ali MN, Rehman IU. Uma estrutura Auxetic configurada como stent esofágico com potencial para ser utilizada no tratamento paliativo do cancro do esófago; desenvolvimento e análise mecânica in vitro. Jornal de Ciência dos Materiais: Materials in Medicine. 2011;22(11):2573-81.

[147] Zhang W, Soman P, Meggs K, Qu X, Chen S. Tuning the Poisson's Ratio of Biomaterials for Investigating Cellular Response. Materiais funcionais avançados. 2013;23(25):3226-32.

[148] Bhullar S, Ahmed F, Junghyuk K, Martin J. Conceção e fabrico de stent com rácio de Poisson negativo. Int J Mech Ind Sci Eng. 2014;8(2):213-4.

[149] Bhullar SK. Caracterização de espuma de poliuretanos auxéticos para implantes biomédicos. e-Polymers. 2014;14(6):441-7.

Lista de abreviaturas

Sr.no	Abbreviation	Full-form
1	3-DP	3-Dimensional printing
2	AR	Aspect Ratio
3	B-FGF	Basic Fibroblast Growth Factor
4	β-TC	Beta-tricalcium
5	CGag	Collagen-glycosaminoglycan
6	CSLM	Confocal Scanning Laser Microscopy
7	DMEM	Dulbecco's modified Eagle's medium
8	DRIE	Deep Reactive Ion Etching
8	ECM	Extra Cellular Matrix
10	e-beam	Electron-beam
11	FCC	Face-Centered Cubic
12	FEM	Finite-Element-Method
13	γ-PGA	Poly(γ-glutamic acid)
14	HCEC	Human Corneal Endothelial Cell
15	kN	Kilo Newton
16	LCST	Lower Critical Solution Temperature
17	PBS	Phosphate Buffer Saline
18	PLGA	Poly(lactic-*co*-glycolic acid)
19	PLLA	Poly L Lactic acid
20	PNIPAAm	Poly (*N*-isopropylacrylamide)
21	PPF	Poly(propylene fumarate)
22	PTFE	Polytetrafluoroethylene

23	PU	Polyurethane
24	PVA	Poly(vinyl alcohol)
25	RGDS	Arginine-Glycine-Aspartic acid-Serine peptide sequence
26	SAM	Self-assembled monolayer
27	SEM	Scanning Electron Microscope
28	S72-netgels	Semi-interpenetrating polymer network like hetero-gels
29	SWNT	Single Walled (Carbon) Nano Tubes
30	UK	The United Kingdom

Printed by Books on Demand GmbH, Norderstedt / Germany